解密 经典

永不言败的勇士——
坦克

★★★★★ 崔钟雷 主编

吉林美术出版社 | 全国百佳图书出版单位

前言
QIAN YAN

　　世界上每一个人都知道兵器的巨大影响力。战争年代,它们是冲锋陷阵的勇士;和平年代,它们是巩固国防的英雄。而在很多小军迷的心中,兵器是永恒的话题,他们都希望自己能成为兵器的小行家。

　　为了让更多的孩子了解兵器知识,我们精心编辑了这套《解密经典兵器》丛书,通过精美的图片为小读者还原兵器的真实面貌,同时以轻松而严谨的文字让小读者在快乐的阅读中掌握兵器常识。

编　者

Y-792 241

目录
MULU

第一章 美国主战坦克

- 8　M47 主战坦克
- 10　M48 主战坦克
- 12　M60 主战坦克
- 16　M60A1 主战坦克
- 18　M60A2 主战坦克
- 20　M60A3 主战坦克
- 24　M1 主战坦克
- 28　M1A1 主战坦克
- 32　M1A2 主战坦克
- 36　M1A2SEP 主战坦克
- 38　M1A3 主战坦克

第二章 苏联主战坦克

- 42　T34 中型坦克
- 46　T64 主战坦克
- 48　T72 主战坦克
- 52　T80 主战坦克
- 54　T90 主战坦克
- 56　T95 主战坦克

第三章 英国主战坦克

- 60 "百人队长"主战坦克
- 64 "奇伏坦"主战坦克
- 66 "奇伏坦"900 主战坦克
- 68 "挑战者"主战坦克
- 70 "哈里德"主战坦克

第四章 德国主战坦克

- 74 "豹"1 主战坦克
- 76 "豹"2 主战坦克
- 80 "豹"2A5 主战坦克
- 82 "豹"2A6 主战坦克
- 84 "虎"式重型坦克

第五章 其他国家主战坦克

- 88　法国 AMX-30 主战坦克
- 90　法国 "勒克莱尔" 主战坦克
- 92　意大利 C1 主战坦克
- 96　瑞士 Pz61 主战坦克
- 98　瑞士 Pz68 主战坦克
- 102　瑞士 Pz87 主战坦克
- 104　瑞典 Strv-103 主战坦克
- 106　波兰 PT-91 主战坦克
- 108　罗马尼亚 TR-85 主战坦克
- 110　南斯拉夫 M-84 主战坦克

第一章
美国主战坦克

解密经典兵器

M47 主战坦克

研制背景

M4"谢尔曼"坦克在第二次世界大战中的惨败使得美军认识到必须生产一批新型的坦克来替换掉 M4 坦克,这才有了 M26 中型坦克。在 M26 中型坦克的基础上,美军经过若干年的改进,终于推出了 M47 主战坦克。

机密档案

型号:M47

车长:8.5 米

乘员:5 人

战斗全重:46.1 吨

最大公路速度:56.3 千米/时

最大公路行程:600 千米

永不言败的勇士——坦克

车体设计

　　M47主战坦克在外形上并没有特别之处,也是由车体和炮塔两个主体部分组成。M47主战坦克前部是驾驶舱,中部为战斗舱,后部主要安放发动机和传动装置。在驾驶舱的舱口盖上有一个M13潜望镜。M47主战坦克的炮塔有很强的灵活性,可实现360°旋转。该坦克的炮管最多可发射700发炮弹。

武器装备

　　M47主战坦克的主要武器是1门M36式90毫米口径火炮。该炮采用立楔式炮闩,炮口装有T形或圆筒形消焰器。

解密经典兵器

M48 主战坦克

研制背景

美国在朝鲜战场上见识了苏军坦克的威力，为了应付朝鲜战争和柏林的危机，美国匆忙推出了 M48 主战坦克生产项目。作为 M47 主战坦克的后续过渡产品，M48 主战坦克从开始研制到投产用时不到两年。

M48 家族

虽然，匆忙中生产出的 M48 主战坦克在设计上有很多不足，但是经过不断的整修，该坦克出现了很多种变型产品，如 M48A1、M48A2、M48A3 等多种坦克，它们构成了强大的 M48 坦克家族。

作战特点

1965年,M48主战坦克被美国海军带到了越南战场上。近距离作战时,M48主战坦克后部的手榴弹发射器发挥了重要的作用,炮长可同时完成主炮发射以及手榴弹发射的双重任务。

特殊设计

M48主战坦克的测距仪通过安装在坦克外面的旋转棱镜获得目标信息,可提高火炮俯仰的精确度。

机密档案

型号:M48
车长:8.69米
乘员:4人
战斗全重:47吨
最大公路速度:50千米/时
最大公路行程:500千米

M60 主战坦克

研制历史

M60 主战坦克在 M48A2 坦克的基础上改制而成。该坦克于 1956 年开始研制，1959 年设计定型并投产。20 世纪 60 年代开始，M60 主战坦克凭借出色的性能在各大战争中表现出色。至今，M60 主战坦克仍是许多国家陆军的中坚力量。

永不言败的勇士
——坦克

机密档案

型号:M60

车长:9.3 米

乘员:4 人

战斗全重:49.7 吨

最大公路速度:48.28 千米/时

最大公路行程:500 千米

解密经典兵器

缺陷

M60主战坦克功率不足，加速性差，高大的车身也十分显眼，这使M60主战坦克容易暴露，成为敌人攻击的目标。

防护系统

M60主战坦克上安装了个人三防装置，配备了毒气过滤装置，每个乘员都拥有一个防毒面具，毒气过滤装置与防毒面具由金属软管相连。在必要情况下，M60主战坦克上还可安装三防探测器。

弹药

M60主战坦克配备有火力强大的脱壳穿甲弹、破甲弹、具有榴弹杀伤和反坦克性能的碎甲弹和具有燃烧作用的黄磷发烟弹。

产量日增

M60主战坦克在列装部队后的最初十年间，生产的总量并不多。中东战争以后，它的产量大幅度提高，因为美国要向以色列大量地出口该坦克。生产商开始努力提高生产率，M60主战坦克产量逐年增加。1978年10月，M60主战坦克月产量高达129辆。

解密经典兵器

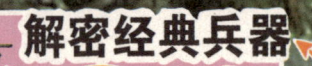

M60A1 主战坦克

改进型号

M60 主战坦克服役后,美军将其主要投放到联邦德国部队中。在使用的过程中,美军根据当地的实际情况和技术的发展,将 M60 主战坦克更新为 M60A1 主战坦克。同时,M60A1 主战坦克也是 M60 主战坦克列入美军制式装备以来的第一款改进型产品。

机密档案

型号:M60A1

车长:9.4 米

乘员:4 人

战斗全重:48.1 吨

最大公路速度:48 千米/时

最大公路行程:496 千米

改进装备

　　M60A1主战坦克的改进之处很多，最重要的一点就是它装配了经过可靠性改进的发动机，进一步提高了工作性能。另外，M60A1主战坦克还加装了夜视系统和小型探照灯。

武器装备

　　M60A1主战坦克为整体浇铸结构。它采用火炮双向稳定器并装有计算机设备配合作战，装备的主要武器有105毫米的线膛炮一门，配用炮弹为稳定脱壳穿甲弹、空心装药破甲弹、白磷烟幕弹等。

解密经典兵器

M60A2 主战坦克

诞生

美军在 M60A1 主战坦克上安装了新的炮塔和 152 毫米口径两用炮,制造出一种新的主战坦克。但是在试用过程中,这款坦克又出现了很多新的问题。因此直到 1971 年底,这款新型坦克才最终定型,这便是 M60A2 主战坦克。

主要改进

　　M60A2 主战坦克在技术方面的改进主要体现在对炮塔的更新上。M60A2 主战坦克安装了新的铸造流线型炮塔，提高了该坦克的防御能力。

导弹制导系统

　　M60A2 主战坦克配备导弹制导系统，包括红外跟踪器、角速度传感器、信号数据转换器等。

机密档案

型号：M60A2

车长：7.28 米

乘员：4 人

战斗全重：51.9 吨

最大公路速度：48 千米/时

最大公路行程：500 千米

解密经典兵器

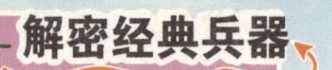

M60A3 主战坦克

终极巴顿

M60A3 主战坦克号称"终极巴顿"。它从 1971 年开始研制,科研人员为这款新型坦克安装了具有更高可靠性的发动机和被动观瞄仪。到 1979 年,首批 M60A3 主战坦克终于进入美国第五军第一装甲师服役。

永不言败的勇士——坦克

机密档案

型号：M60A3

车长：9.43米

乘员：4人

战斗全重：52.6吨

最大公路速度：48千米/时

最大公路行程：480千米

解密经典兵器

火控系统

M60A3主战坦克安装了M21全求解的电子模拟全固态弹道计算机,大大提高了火控系统的计算精度和可靠性,同时也使M60A3主战坦克在打击目标时有了更高的命中率。

主要任务

M60A3主战坦克主要用于在正面交锋中与敌方装甲力量作战,或深入敌人后方时与敌方的坦克战斗。此外,M60A3主战坦克还可执行火力支援等任务。

永不言败的勇士——坦克

自动灭火系统

M60A3 主战坦克安装了自动灭火系统,该系统能迅速扑灭乘员舱和动力舱中的火灾。另外,乘员舱和动力舱中还安置了自动报警传感器,该装置能探测舱内的温度和火光,并自动开启灭火系统。

作战能力

M60A3 主战坦克上装有热成像瞄准镜,能够穿透烟幕和地面伪装,坦克能在更大距离上准确地识别和瞄准目标,同时使 M60A3 主战坦克具有全天候作战能力。

解密经典兵器

M1 主战坦克

设计背景

1973年的中东赎罪日战争后，美国决定设计一款新型的坦克。这款新型的坦克要在三个方面有突出的优势，那就是火力强大、防护性好、机动灵活。M1主战坦克便是在这样的设计思路下应运而生的一种新型坦克。

你知道吗？

M1主战坦克是M1系列主战坦克最原始、最基础的型号，因此它的各项性能都没有达到预想的目标。

永不言败的勇士
——坦克

解密经典兵器

综合性能

M1主战坦克比之前的M60系列主战坦克速度更快,操作性能更好,同时还拥有更小、更低矮的侧面轮廓。新型发动机使M1主战坦克的噪声极低,因此士兵们称呼它为"耳语般的死亡"。

优点

M1主战坦克的优点主要是安装了特别的装甲、热成像仪,并配备良好的火力控制系统和涡轮发动机等。在速度方面,M1主战坦克也有很大提升,并且操作性能出色。

永不言败的勇士
——坦克

机密档案

型号:M1
车长:9.83米
乘员:4人
战斗全重:54.5吨
最大公路速度:72.4千米/时
最大公路行程:464千米

解密经典兵器

M1A1 主战坦克

总体布置

M1A1 主战坦克车体低矮,防护能力较强。加强舱位于车体前部,战斗舱在中部,动力舱位于后部。驾驶员位于车体前部,配有 3 具整体式潜望镜。关窗驾驶时,驾驶员半仰卧操纵坦克。在夜间,潜望镜可以换成夜视镜,以适应夜战环境。

机密档案

型号：M1A1

车长：9.77米

乘员：4人

战斗全重：57吨

最大公路速度：72.4千米/时

最大公路行程：498千米

武器配置

　　装配在M1A1主战坦克上的主要武器是一门北约制式M68E1式线膛炮。该炮装有炮口校正系统，可明显提高坦克的打击精度。

解密经典兵器

装甲

1988年6月以后生产的M1A1主战坦克车体前部加装贫铀装甲,这种新型装甲的强度是早期型号装备的乔巴姆装甲的5倍。在海湾战争中,参战的M1A1主战坦克多数换装了贫铀装甲,实战效果非常理想。

永不言败的勇士
——坦克

主力坦克

M1A1 主战坦克以出类拔萃的性能扬名于世。该坦克在火力和防护力等方面表现出色,现已成为美国陆军的主力坦克。

缺点

M1A1 主战坦克也存在一些缺点和不足。M1A1 主战坦克是美国专门为欧洲战场设计的。总重约 57 吨的 M1A1 主战坦克,是世界上最重的坦克之一。巨大的重量使其不能在松软的沙漠上驰骋自如,因此也不适宜在风沙和高温条件下作战。

解密经典兵器

M1A2主战坦克

机密档案

型号:M1A2
车长:9.83米
乘员:4人
战斗全重:63吨
最大公路速度:82千米/时
最大公路行程:470千米

整体设计

M1A2主战坦克的炮塔周围装有防弹能力极强的贫铀装甲,隔舱的防爆门里装有大量弹药。坦克内还配备有自动灭火系统,可以快速地将火扑灭。坦克上配备的电子传感系统提高了目标识别能力及与友邻坦克的信息传递能力;并装有全新的指挥、控制、通信系统,利用这一系统可提高坦克的作战效能。

解密经典兵器

实战表现

M1A2 主战坦克在实战中的表现可圈可点。伊拉克战争打响后,美国陆军装备的 M1A1 和 M1A2 主战坦克大显身手,为围攻巴格达立下了大功。

永不言败的勇士
——坦克

独立热像仪

M1A2主战坦克上安装有车长独立热像仪。该独立稳定式热像仪具有猎潜式瞄准镜的目标捕捉能力，大大提高了M1A2主战坦克在能见度很低的情况下与敌交战的能力。

综合性能

M1A2主战坦克的装甲防护能力尤为突出。这种装甲防护与核生化防护、自动灭火系统相结合，能够最大限度地保证乘员的安全。

解密经典兵器

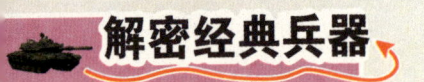

M1A2SEP 主战坦克

数字化坦克

作为"艾布拉姆斯"系列主战坦克中的最新型产品，M1A2SEP 主战坦克配备了最先进的仪器设备和数字化指挥、控制、通信系统。M1A2SEP 主战坦克是美军现役装备中最先进的数字化坦克。

主要改进

与 M1A2 主战坦克相比，M1A2SEP 主战坦克在控制系统、攻击性和可靠性上有了很大改进，而车际信息系统和数字化战斗指挥系统更是其灵魂所在。

先进装备

　　M1A2SEP 主战坦克最大的技术亮点在于它安装了第二代前视红外夜视仪组件。它的夜视能力超越了以往同系列坦克中的任何一种,探测距离达到了 6.8 千米。

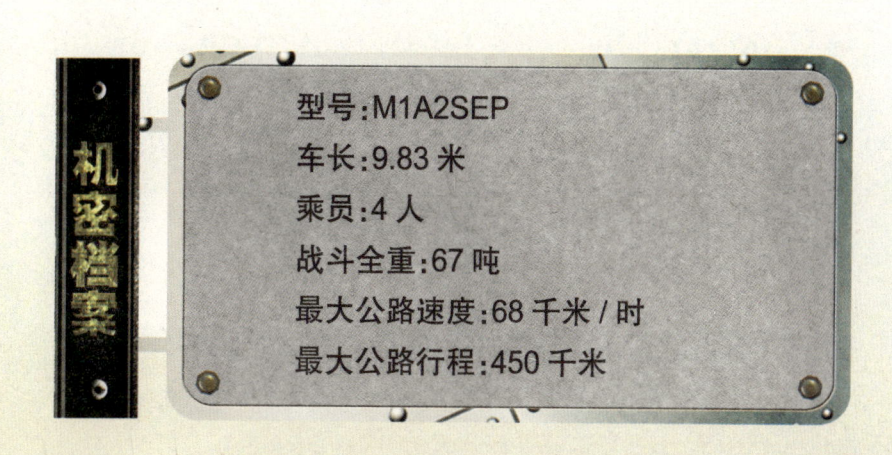

机密档案

型号:M1A2SEP
车长:9.83 米
乘员:4 人
战斗全重:67 吨
最大公路速度:68 千米/时
最大公路行程:450 千米

解密经典兵器

M1A3 主战坦克

研发背景

伊拉克战争中，美军装备的 M1 主战坦克的优良性能使得它在战争中大放异彩，为此，美军取消了让 M1 系列主战坦克退役的计划。这样，M1 主战坦克不仅避免了被淘汰的厄运，还得到了一次升级换代的机会，而它的升级产品便是 M1A3 主战坦克。

防护能力

美军为 M1A3 主战坦克配备了最新的炮管冷却系统，装甲采用了耐打击程度极高的新型陶瓷复合装甲，有很强的防护能力，一般的武器很难对 M1A3 主战坦克构成威胁。

永不言败的勇士
——坦克

炮塔结构

M1A3主战坦克的炮塔为焊接式,炮塔上装有车载红外干扰系统,正面装甲为第三代贫铀合金,两侧各安有6具斯特尔菲林式数控烟幕弹发射器。

主要改进

M1A3主战坦克的火力系统得到了全面提升。新型计算机、通信系统、传感器以及导航设备的安装,使得M1A3主战坦克更具有数字化设备的特点。

解密经典兵器

性能优越

与前两代产品相比，M1A3主战坦克的性能有了相当大的提高，不仅重量更轻了，还采用了新型的防护装甲。M1A3主战坦克具有火力大、射击精度高的优点，是名副其实的"重火力的移动堡垒"，其综合作战性能超越了绝大多数的现役坦克。

机密档案

型号：M1A3

车长：10.2米

乘员：3人

战斗全重：53吨

最大公路速度：91.8千米/时

最大公路行程：560千米

第二章
苏联主战坦克

解密经典兵器

T34 中型坦克

代表作

作为现代坦克的先驱，T34 中型坦克装备数量之多、装备国家之广、服役期限之长，在世界坦克发展史中都是屈指可数的。第二次世界大战期间，苏联共生产 4 万多辆 T34 中型坦克。T34 中型坦克是坦克发展史上具有里程碑意义的代表作。

永不言败的勇士——坦克

机密档案

型号：T34
车长：8.1米
乘员：4人
战斗全重：32吨
最大公路速度：50千米/时
最大公路行程：450千米

解密经典兵器

综合性能

T34中型坦克实现了火力性能和机动性能之间的动态平衡。更重要的是,该坦克拥有无与伦比的可靠性,而且结构相对简单,易于大批量生产。

深远影响

T34中型坦克挽救了苏联卫国战争,也挽救了第二次世界大战的欧洲战场。可以说,T34中型坦克是第二次世界大战期间欧洲战场上真正的"王者兵器"。

所向无敌

在第二次世界大战中，德军的将领也承认"苏联拥有的T34中型坦克远远优于德军任何一种中型战斗坦克"。

解密经典兵器

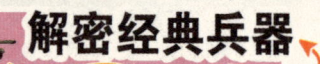

T64 主战坦克

变型坦克

20世纪60年代,苏联军队为了取代T62主战坦克,研制了很多变型坦克,T64主战坦克就是其中之一。1965年,T64主战坦克开始小批量生产。T64主战坦克是一种先进的高级坦克,是世界上第一款装备自动装弹机的坦克,也是世界上第一款仅需三人就能完成操作的主战坦克。

科普课堂

初期的T64主战坦克大约生产了600辆。在初期T64主战坦克生产的同时,苏联对其进行了改进,改进后的坦克被命名为T64A主战坦克。后来在T64A型主战坦克的基础上又研制出了T64B型主战坦克。T64B型主战坦克并没有出口,全部用于装备苏联军队。

整体布局

　　T64主战坦克的外表由钢板焊接而成，炮塔为铸钢件，位于坦克中间位置的上方，整个炮塔呈卵形，从上方俯视时呈盘状。T64主战坦克装甲板的中间部分有V形凸起，可以作防浪板使用。坦克内部分为三部分，分别是驾驶舱、战斗舱和动力舱。

机密档案

- 型号：T64
- 车长：9.1米
- 乘员：3人
- 战斗全重：38吨
- 最大公路速度：70千米/时
- 最大公路行程：600千米

解密经典兵器

T72 主战坦克

结构特点

　　T72 主战坦克炮塔采用铸造结构，呈半球形。车体用钢板精焊制成，驾驶舱位于车体前部中央位置，车体前装甲板上有 V 形防浪板。战斗舱中配有转盘式自动装弹机，战斗舱的布置环绕自动装弹机安排。

你知道吗？

　　由于大量采用了当时最先进的技术，T72 主战坦克在 20 世纪 70 年代的生产成本就达到了一辆 300 万美元。

TK 永不言败的勇士
——坦克

解密经典兵器

市场"宠儿"

　　T72主战坦克可以说是一代经典的主战坦克。直到今天,世界上仍有数十个国家装备T72主战坦克。T72主战坦克的改进型号,目前仍是国际军火交易市场的"宠儿"。

永不言败的勇士
——坦克

防护系统

　　T72主战坦克车体除在非重点部位采用均质装甲外，车体前上部分采用了复合装甲。驾驶舱和战斗舱四壁装有由含铅的有机材料制成的衬层，具有防辐射和防中子流的能力，同时还能减弱内层装甲碎片飞溅造成的二次杀伤。

机密档案

型号：T72
车长：9.45米
乘员：3人
战斗全重：41吨
最大公路速度：65千米/时
最大公路行程：500千米

解密经典兵器

T80 主战坦克

生产装备

20世纪60年代末期,苏联在T64主战坦克的基础上大力研发T80主战坦克。T80主战坦克于1976年定型并装备部队,一直服役至今,外号"飞行坦克"。

机密档案

型号:T80

车长:9.66米

乘员:3人

战斗全重:46吨

最大公路速度:70千米/时

最大公路行程:440千米

铁甲重炮

T80主战坦克的火炮威力惊人,且拥有很高的远程射击精度。T80主战坦克的125毫米滑膛炮能够发射多种穿甲弹与破甲弹,还可发射"鸣禽"炮射导弹。该导弹可攻击地面装甲目标,也可攻击武装直升机,并具有良好的命中率。

科普课堂

T80主战坦克是苏联首次采用燃气轮机的主战坦克。这一改进使得T80主战坦克拥有了很强的机动性,增大了战场上的生存概率。苏联一直把T80主战坦克当作镇国之宝,因此该坦克在苏联时期没有一辆出口。但苏联解体后,俄罗斯和乌克兰分别开展了T80主战坦克的出口业务。

解密经典兵器

T90 主战坦克

防护系统

T90主战坦克装有"旋托拉"光电干扰系统,当发现自身被制导光束照射时,炮塔就会自动转到激光束照射方向并迅速发射特种榴弹。榴弹爆炸后可产生持续20秒钟的烟幕,从而有效遮蔽激光束对坦克的照射。

性能优越

　　T90 主战坦克是俄罗斯下塔吉尔工厂生产的组合式坦克，它采用了 T72 主战坦克的炮塔和 T80 主战坦克的底盘，只有火控系统是专门研制的，其总体性能处于世界前列。

机密档案

型号:T90

车长:9.53 米

乘员:3 人

战斗全重:46.5 吨

最大公路速度:65 千米/时

最大公路行程:600 千米

解密经典兵器

T95 主战坦克

炮塔设计

　　T95 主战坦克的主炮被安装在无人炮塔上,是 1 门 135 毫米的滑膛炮,该口径是目前世界各国主战坦克中口径最大的。

TK 永不言败的勇士——坦克

研制过程

　　1986年，下塔吉尔车辆设计局在苏联坦克装甲总局的要求下，提出了研制T95主战坦克的方案。1995年，俄罗斯军队对"黑鹰"主战坦克和T95主战坦克进行了对比试验，并于当年决定正式选用T95主战坦克。

机密档案

型号：T95
车长：9.55米
乘员：3人
战斗全重：50吨
最大公路速度：65千米/时
最大公路行程：700千米

解密经典兵器

防护系统

T95主战坦克有一半的装甲重量在坦克前部,这大大增强了它的正面防护能力。炮塔顶部的装甲厚度不足40毫米,为了弥补这样的不足,加强其抗打击能力,设计者在这一位置安装了反应装甲。

新生代坦克

T95主战坦克继承了苏联坦克的优点,外形与T72和T80基本相同。T95主战坦克与之前的坦克相比在设计上更简单,炮塔形状和防护能力也更加优化。

第三章
英国主战坦克

解密经典兵器

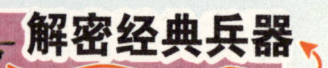

"百人队长"主战坦克

诞生

第二次世界大战期间,为了满足战争需要,英国坦克设计部门在新型巡洋坦克A41的基础上稍加改进,安装上一门76.2毫米火炮,使其越野行驶性能更加良好,并将其正式命名为"百人队长"主战坦克,也被译为"逊邱伦"主战坦克。

永不言败的勇士——坦克

机密档案

型号:"百人队长"
车长:9.829米
乘员:4人
战斗全重:51.82吨
最大公路速度:34.6千米/时
最大公路行程:102千米

解密经典兵器

出口情况

直到20世纪90年代，丹麦、约旦、新加坡和瑞典等国仍在使用"百人队长"主战坦克。"百人队长"主战坦克服役已超过了半个世纪，其在各国经历了大量改进，形态各异。

车体结构

"百人队长"主战坦克车体为焊接结构,两块横隔板将车体分成前后3部分。坦克的前部左侧是储存舱,内装弹药和器材箱,右为驾驶舱;车体中部为战斗舱;后部是动力舱。这是传统坦克的典型布局。

家族庞大

"百人队长"主战坦克一共有13种型号,可谓家族庞大。众多型号的车体结构基本没有太大差别。1945年到1962年,英国总共生产了各型"百人队长"主战坦克共4 423辆。

解密经典兵器

"奇伏坦"主战坦克

"奇伏坦"主战坦克常常让对手在战场上闻风丧胆,但其并没有参加过本土作战。在"两伊"战争中,"奇伏坦"主战坦克对扭转战争形势起到了重要作用。

制造历程

1958年,英国陆军提出了设计奇伏坦主战坦克的任务书,随后在利兹皇家兵工厂和维克斯厂各建了一条生产线。1963年5月,"奇伏坦"主战坦克设计定型并投产,于1965年装备英国陆军。

构造装置

"奇伏坦"主战坦克的车体是用铸钢件和轧制钢板焊接而成的,其驾驶舱在前部,战斗舱在中部,动力舱在后部。驾驶员的驾驶椅可向后倾斜,保证了舒适度。"奇伏坦"主战坦克的炮塔左边装有一个白光探照灯,照射距离可达1 500米。

机密档案

型号:"奇伏坦"

车长:7.52米

乘员:4人

战斗全重:51.46吨

最大公路速度:48千米/时

最大公路行程:400千米—500千米

解密经典兵器

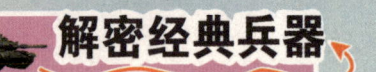

"奇伏坦"900 主战坦克

研发背景

自"奇伏坦"主战坦克面世以来,它在国际上的销售状况便远不如"百人队长"主战坦克,只有少数国家有少量装备。为了适应市场需求、增加出口量,英国对"奇伏坦"主战坦克进行了多次改进,"奇伏坦"900 主战坦克便是其中的一种改进型。

主要武器

"奇伏坦"900主战坦克装有诺丁汉皇家兵工厂制造的L11A5式线膛坦克炮,炮管上还装有热护套、抽气装置和炮口校正装置。"奇伏坦"900主战坦克既能发射带有滑动弹带的尾翼稳定脱壳穿甲弹,又能发射旋转稳定的榴弹和碎甲弹,威力十足并且更换方便。

"奇伏坦"900主战坦克除车首装甲和车体侧部装甲有较好的倾斜度外,炮塔防护能力也很强。

机密档案

型号:"奇伏坦"900

车长:7.52米

乘员:4人

战斗全重:5.6吨

最大公路速度:52千米/时

最大公路行程:500千米

解密经典兵器

"挑战者"主战坦克

研制过程

从 20 世纪 60 年代开始,英国就一直致力于研制可以替代"奇伏坦"的后继型主战坦克。其研制道路漫长而艰辛。在整个过程中,新型坦克也曾因设计意见的分歧与经济上的问题而有过中断,但最终凭借着不懈努力和不断完善,英国"挑战者"主战坦克终于研制成功。

永不言败的勇士
——坦克

机密档案

型号:"挑战者"
车长:11.56 米
乘员:4 人
战斗全重:62 吨
最大公路速度:56 千米/时
最大公路行程:450 千米

装甲防护

"挑战者"主战坦克车体和炮塔使用的是乔巴姆装甲。这种材质的装甲与等重量钢质装甲相比,大大提高了坦克抗破甲弹和碎甲弹的能力,并且在体积和重量上没有过多增加。

解密经典兵器

"哈里德"主战坦克

冷却系统

"哈里德"主战坦克的冷却系统是由2个水散热器和3个混流式风扇组成的,它们被安装在车体后部传动装置的上方。冷却装置启动后,冷却空气会从装甲百叶窗进入车内,经散热器到达风扇,然后从装甲百叶窗排出车外。

武器装置

"哈里德"主战坦克的主要武器是一门 L11A5 式线膛坦克炮，炮管上装着热护套和炮口校正装置，可以发射所有英国的 120 毫米坦克炮弹。坦克炮的左侧装有一挺 L8A2 式 7.62 毫米并列机枪，在车长指挥塔上还装有可遥控射击的 L37A2 式 7.62 毫米高射机枪。

改进产品

为了满足约旦的使用需求，英国对原有的 FV4030/2 型主战坦克做了部分改进，并将其重新命名为"哈里德"主战坦克。与后期生产的"奇伏坦"坦克相比，"哈里德"主战坦克在火控系统和动力传动装置上都有较大的变化。

解密经典兵器

使用情况

1979年，约旦订购了274辆"哈里德"主战坦克。1981年，英国顺利完成坦克的制造并交付给约旦。不过"哈里德"主战坦克未能满足约旦军方的要求，于是，1987年约旦又花费了数百万英镑向英国订购自动灭火抑爆装置，并购进了大量L23A1式尾翼稳定脱壳穿甲弹。

机密档案

型号："哈里德"

车长：10.79米

乘员：4人

战斗全重：58吨

最大公路速度：45千米/时

最大公路行程：300千米

第四章
德国主战坦克

解密经典兵器

"豹"1 主战坦克

制造情况

"豹"1 主战坦克是德国自第二次世界大战后第一种自主研制生产的主战坦克,于 1965 年正式投入生产,由克劳斯·玛菲有限公司军械分部和克庑伯·马克机械制造有限公司制造。

设计特点

"豹"1 主战坦克的车体是用装甲钢板焊接而成的,前部是乘员舱,后部为动力舱。乘员舱的右前部位是驾驶员位置,左前位置有炮弹储存架、通风装置和三防装置,加温装置在乘员舱右侧。

永不言败的勇士——坦克

机密档案

型号:"豹"1
车长:8.54米
乘员:4人
战斗全重:40吨
最大公路速度:65千米/时
最大公路行程:600千米

科普课堂

"豹"1主战坦克的炮塔为铸造结构,位于车体中部之上。在炮塔顶,车长和装填手各有1个舱盖。"豹"1主战坦克的炮管在设计上注重整体性,在野战条件下更换炮管仅需20分钟,大大降低维护时间,保证坦克可以在炮管受损的时候尽快再次投入战斗。

解密经典兵器

"豹"2 主战坦克

合作破裂的产物

20世纪70年代后期,德国与美国签订协议,共同研制新一代主战坦克,但由于设计思想的偏差,双方的协议被迫中止,各自设计后,德国研制出了"豹"2主战坦克。

永不言败的勇士——坦克

机密档案

型号:"豹"2

车长:9.67米

乘员:4人

战斗全重:55.15吨

最大公路速度:72千米/时

最大公路行程:550千米

解密经典兵器

火控系统

"豹"2主战坦克的火力系统常被称为指挥仪式火控系统,包括三合一主瞄准镜、数字式火控计算机和火炮双稳随动系统等。

总体性能

1978年底,"豹"2主战坦克交付德国国防军用于训练。"豹"2主战坦克的火力系统强大,在当时看来,其总体性能已经达到了非常高的水平。

永不言败的勇士
——坦克

结构特点

"豹"2主战坦克由间隙复合装甲制成,坦克内部有三个舱:位于坦克前部的驾驶舱,位于坦克中部的战斗舱和位于坦克后部的动力舱。炮塔位于坦克中间部位的上方,顶部有两个舱盖,一个是车长舱盖,还有一个是炮手舱盖。

"豹"2主战坦克的主炮为1门RH-120型120毫米的滑膛炮,弹药有尾翼稳定脱壳穿甲弹和多用途破甲弹两种。

解密经典兵器

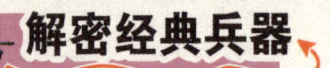

"豹"2A5 主战坦克

设计背景

进入 21 世纪，为了适应更加残酷的作战环境，德国对"豹"2 主战坦克进行了改进。改进后的坦克增加了炮塔前部和两侧的附加装甲，安装了自动火炮稳定装置等，这便是"豹"2A5 主战坦克。

美名

凭借超强的机动性、自动化火控系统、较强的防护性以及出色的攻击能力，"豹"2A5 主战坦克于 1998 年获得了"最具战斗力的坦克"的美誉。

武器装备

"豹"2A5 主战坦克于 1995 年正式装备德国国防军。该坦克主炮是莱茵金属公司的 120 毫米滑膛炮,辅助武器为 1 挺并列机枪和 1 挺高射机枪。

机密档案

型号:"豹"2A5
车长:9.97 米
乘员:4 人
战斗全重:59.7 吨
最大公路速度:72 千米/时
最大公路行程:500 千米

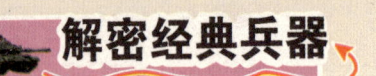

"豹"2A6 主战坦克

性能出色

"豹"2A6 主战坦克是德国陆军装备的最后一种"豹"2系列坦克,是世界上火力最强的坦克之一。在与其他坦克间的对比试验中,"豹"2A6 主战坦克的火力打击能力和炮弹穿透能力都非常出众。

机密档案

型号:"豹"2A6
车长:9.61 米
乘员:4 人
战斗全重:60 吨
最大公路速度:72 千米/时
最大公路行程:550 千米

防护能力

"豹"2A6主战坦克采用模块式装甲,能轻松地抵御穿甲弹的进攻。炮塔顶部也为模块化设计,不仅可以很好地应对炸弹的威胁,对反坦克地雷和生化武器也有独特的防御方法。

风头正劲

长期以来,坦克的火力、防护力、机动力一直是互相制约又互相促进的坦克三大设计要素。"豹"2A6主战坦克在这三项设计要素上均有极为周全的考虑。目前,欧洲许多国家已把"豹"2A6主战坦克作为主要引进兵器,该坦克也因此一直畅销不衰。滑膛炮,弹药有尾翼稳定脱壳穿甲弹和多用途破甲弹两种。

解密经典兵器

"虎"式重型坦克

诞生过程

　　1941年5月26日,德国亨舍尔和波尔舍公司开始研制重型坦克。1942年7月,经过对样车进行性能试验,德军最后选择了亨舍尔公司的坦克,并将其命名为"虎"式重型坦克。随后,该坦克开始批量生产。

军事意义

　　经过了战争的洗礼,"虎"式重型坦克已经成为第二次世界大战中具有传奇色彩的武器,它在军事爱好者与装甲狂热者之间成为一个永恒的流行主题。

永不言败的勇士——坦克

防护性

"虎"式重型坦克的正面装甲相当厚,即使正面直接被T34坦克或美制"谢尔曼"坦克击中,也不会影响其作战能力。

解密经典兵器

综合性能

"虎"式重型坦克装配厚重且制造精良的直面装甲，防护能力非常出色，但这也造成了"虎"式重型坦克机动性差的缺点，很容易被机动性强的坦克绕到背后攻击。

机密档案

型号："虎"式
车长：8.45米
乘员：5人
战斗全重：57吨
最大公路速度：40千米/时
最大公路行程：110千米—160千米

第五章
其他国家主战坦克

解密经典兵器

法国AMX-30主战坦克

设计思想

第二次世界大战结束后,法国开始研制火力和机动性更加突出的主战坦克,但是并不十分注重防护性,AMX-30主战坦克就是在这样的设计思想下的产物。设计人员在保证机动性的前提条件下,通过改进外形和缩小尺寸等方法提高AMX-30主战坦克的防护性。

作战定位

法国陆军主张依靠AMX-30主战坦克的远程火力,保证首发命中率,以抵消敌方坦克的数量优势。

TK 永不言败的勇士
——坦克

机密档案

型号:AMX-30

车长:9.48米

乘员:4人

战斗全重:49吨

最大公路速度:65千米/时

最大公路行程:400千米—450千米

使用情况

AMX-30主战坦克除装备法国陆军外,还大量出口,其中,西班牙获得了AMX-30主战坦克的特许生产权。

解密经典兵器

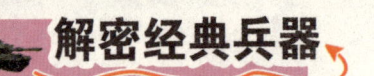

法国"勒克莱尔"主战坦克

命名原因

"勒克莱尔"主战坦克的研制工作始于1978年,1983年进入技术验证阶段,1986年1月30日被命名为"勒克莱尔"坦克,以纪念第二次世界大战期间率领法国装甲2师解放巴黎的法国元帅菲利普·勒克莱尔。

设计特点

"勒克莱尔"主战坦克在隐身性能方面可圈可点,其装备一套多效能隐身组件,能够实现视觉迷彩、抑制电磁波和红外线反射等功能。另外,"勒克莱尔"主战坦克装备了钛合金复合装甲,在战场上的生存能力大大提高。

突出性能

"勒克莱尔"主战坦克装配大威力火炮、自动装弹机、先进火控系统、超高增压柴油机、模块化装甲和战场管理系统,堪称第三代坦克中的后起之秀。

机密档案

型号:"勒克莱尔"

车长:9.87米

乘员:3人

战斗全重:53吨

最大公路速度:71千米/时

最大公路行程:550千米

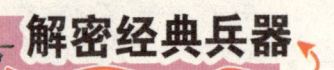

意大利 C1 主战坦克

设计情况

C1 主战坦克是意大利陆军著名的第二代主战坦克,其总体设计和武器系统由奥托·梅拉拉公司负责,而机动部件设备则由伊维科·菲亚特公司设计完成。

永不言败的勇士——坦克

机密档案

型号:C1

车长:10.54米

乘员:4人

战斗全重:48吨

最大公路速度:62千米/时

最大公路行程:500千米

解密经典兵器

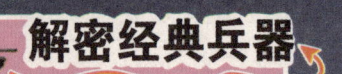

炮塔设计

C1主战坦克炮塔由轧制钢板焊接而成,安装在车体中部上方。炮塔及车体正面装甲的倾角极大,这是C1主战坦克的重要识别特征。

发展历程

1988年初,6辆C1主战坦克样车被送交意大利陆军试验基地。技术参数达标后,法国陆军订购了超过200辆C1主战坦克。1987年,西班牙与意大利国防部达成一项协议,西班牙正式加入C1主战坦克的研制和生产工作。

火控系统

C1主战坦克采用TURMS OG14L3型坦克火控系统。该系统包括车长昼间周视瞄准镜、炮长激光潜望瞄准镜、弹道计算机、传感器、炮口校正装置,具有非常高的自主调节能力。

解密经典兵器

瑞士 Pz61 主战坦克

设计特点

Pz61 主战坦克是瑞士于 1961 年研制完成的主战坦克。该坦克突出了"引进与独立研制并重的原则",在车辆布局、性能上突出了瑞士的特色。该坦克的很多部件都是从国外引进的,所以总体性能比较先进。

主炮

Pz61 主战坦克的主炮是经过本国改造的 105 毫米 L7A1 坦克炮,可发射瑞士自行研制的常规脱壳穿甲弹、碎甲弹和烟幕弹。

机密档案

型号:Pz61
车长:6.78 米
乘员:4 人
战斗全重:49 吨
最大公路速度:55 千米/时
最大公路行程:300 千米

总体布置

　　Pz61主战坦克为传统结构,车体和炮塔均为整体铸件。车体分为三个舱,前部是驾驶舱,中央是战斗舱,后部是动力舱。炮塔没有尾舱,半球形炮塔内车长和炮长位于火炮右侧,装填手在左侧。

解密经典兵器

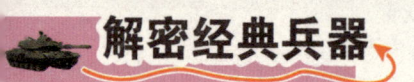

瑞士 Pz68 主战坦克

主要改进

Pz68 主战坦克是 Pz61 主战坦克的重要改进型号。Pz61 主战坦克没有火炮稳定装置和夜视装置,不能在行进间射击和参与夜战,这是其主要缺点。瑞士的武器研究人员针对这一问题进行了重要改进,Pz68 主战坦克具备了行进间射击和夜战能力。

陆军主力

瑞士对Pz68主战坦克的生产给予了大力支持。该坦克的总体设计在当时是先进武器制造技术的代表，曾在很长一段时间内担任瑞士陆军的主力。

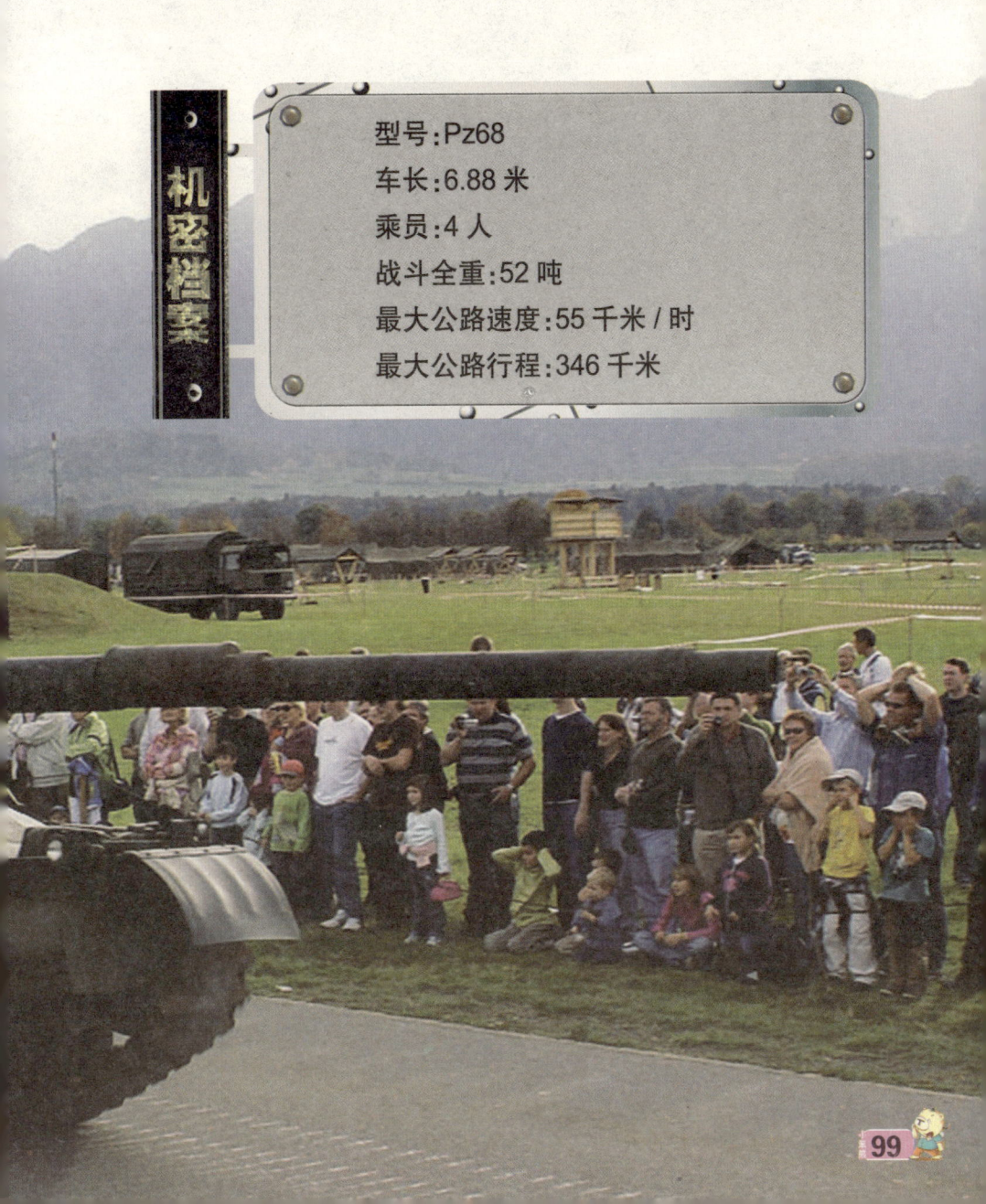

机密档案

型号：Pz68

车长：6.88米

乘员：4人

战斗全重：52吨

最大公路速度：55千米/时

最大公路行程：346千米

解密经典兵器

006

改进型号

1974年，瑞士推出了Pz68主战坦克的改进型Pz68 I 主战坦克，主要改进是加装了火炮热护套，加厚了瞄准镜周围的装甲盖板。1985年，瑞士又推出了Pz68 I 的改进型Pz68 II，主要是增大了炮塔尺寸，安装新型火炮双向稳定器、新型炮长瞄准镜和新的液压冷却装置。

地位

Pz68主战坦克的研制成功体现了瑞士军事工业的强盛。虽然瑞士购买了380辆德国的"豹"2主战坦克，但是Pz68主战坦克和Pz61主战坦克的总数量占瑞士坦克数量的60%左右，仍是瑞士装甲力量的重要支柱。

解密经典兵器

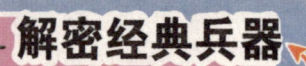

瑞士 Pz87 主战坦克

研制背景

20世纪80年代，瑞士准备换装正在服役的Pz61主战坦克，但新型主战坦克的研制计划还没有开始实施。由于研制经费紧张、时间紧迫，瑞士为了尽快更换新一代主战坦克，决定在国际市场上寻找适合本国的主战坦克。

设计特点

Pz87 主战坦克与联邦德国"豹"2 坦克的第五批生产型车十分相似，采用了数字式弹道计算机，火控系统可外接，以便于使用射击和战斗模拟装置。

机密档案

- 型号：Pz87
- 车长：7.2 米
- 乘员：4 人
- 战斗全重：42 吨
- 最大公路速度：60 千米/时
- 最大公路行程：420 千米

制造情况

Pz87 主战坦克是由 20 世纪 80 年代德国克劳斯-玛菲公司研制、康特拉弗斯公司生产的用于装备瑞士军队的一种主战坦克，该坦克有 60%—70%的部件都在瑞士本土制造。

解密经典兵器

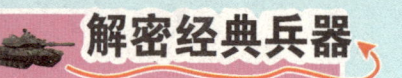

瑞典 Strv-103 主战坦克

特色设计

在 Strv-103 主战坦克上取消炮塔可以说是瑞典人因地制宜地做出符合本国国情的决定。瑞典是一个多沼泽和冰雪地面的国家,所以坦克的战斗全重越轻越好;瑞典人口较少,取消炮塔后,坦克的乘员就减为 3 人,这对于人口不足 1 000 万的瑞典来说,正符合其通过降低成员人数来减少机械化部队从军人数的要求。

瞄准射击

Strv-103 坦克的火炮固定安装在战车前部装甲上，火炮的瞄准射击是通过履带的转向和车体的上下俯仰来实现的。

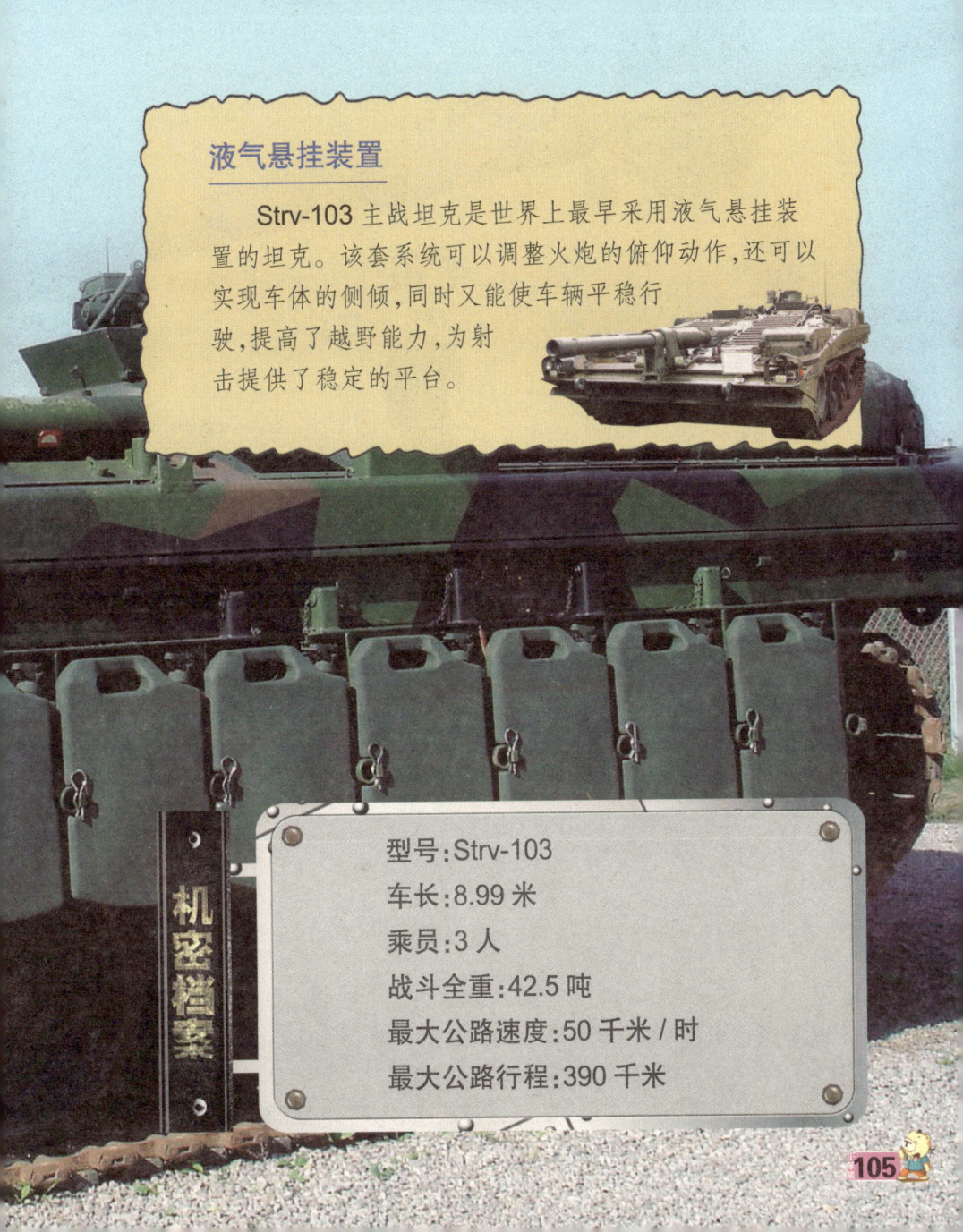

液气悬挂装置

Strv-103 主战坦克是世界上最早采用液气悬挂装置的坦克。该套系统可以调整火炮的俯仰动作，还可以实现车体的侧倾，同时又能使车辆平稳行驶，提高了越野能力，为射击提供了稳定的平台。

机密档案

型号：Strv-103

车长：8.99 米

乘员：3 人

战斗全重：42.5 吨

最大公路速度：50 千米/时

最大公路行程：390 千米

解密经典兵器

波兰 PT-91 主战坦克

科普课堂

PT-91主战坦克采用波兰PZL-Wola公司全新的S-1000柴油发动机,配备了RRC-9500电台及全景观瞄系统,以及PCO公司生产的POD-72式车长微光夜视仪和卫星导航系统。

主力坦克

PT-91 主战坦克是波兰重型工程制造公司"布玛尔-莱贝蒂"公司在俄罗斯 T72-M1 主战坦克的基础上研发出来的一种新型主战坦克。该坦克技术先进,性能稳定,是波兰目前的主力坦克。

机密档案

型号:PT-91

车长:9.67 米

乘员:3 人

战斗全重:45.3 吨

最大公路速度:60 千米/时

最大公路行程:650 千米

设计特点

PT-91 主战坦克于 1993 年开始正式服役。该坦克采用了当时最先进的爆炸式反应装甲,车体正面、炮塔正面和侧面均装有紧密排列的爆炸式反应装甲,这大大提高了其防护能力和战场生存能力。

解密经典兵器

罗马尼亚TR-85主战坦克

受苏联影响

罗马尼亚由于地缘的关系，深受苏联的影响，尤其是其军工产业方面。罗马尼亚的军事装备多从苏联进口，或由苏联装备改进而成。罗马尼亚的TR-85主战坦克就是典型的从苏联T-55坦克改装而成的新型坦克。

机密档案

型号：TR-85

车长：9.96米

乘员：4人

战斗全重：42吨

最大公路速度：64千米/时

最大公路行程：500千米

主要改进

TR-85 主战坦克在外形上与 T55 坦克很像，但是它的很多设备都经过了改装，如该坦克装备德国制造的柴油发动机、使用凹形车轮、配备新式火炮等。

车体设计

TR-85 主战坦克在外形上与 T-55 坦克很像，但是它在设备方面有很多改装之处。如它的发动机是德国制造的型号更大的柴油机。另外，TR-85 主战坦克还有一些细微的改动，比如驾驶舱前端的除尘带条。

解密经典兵器

南斯拉夫 M-84 主战坦克

强大威力

M-84 主战坦克采用弹头和发射药分离方式发射炮弹,可贯穿 2000 米外厚 380 毫米垂直放置的均制钢装甲。

"巴尔干雄狮"

M-84 主战坦克是南斯拉夫在冷战时期以 T-72 主战坦克为基础研制出的一款新型主战坦克。M-84 主战坦克装备性能良好,综合性能出色,因此被誉为"巴尔干雄狮"。

应用广泛

M-84 主战坦克也有很多的变型车种,如一些指挥车和装甲侦察车。M-84 及其升级产品在 20 世纪 90 年代的南斯拉夫地区应用非常广泛,几乎每场战役都会看到 M-84 的影子。

型号：M-84
车长：6.86米
乘员：3人
战斗全重：42吨
最大公路速度：64千米/时
最大公路行程：695千米

永不言败的勇士：坦克
YONGBUYANBAI DE YONGSHI: TANKE

主 编	谌幼重
副 主 编	王丽泰 张文光 董羽娜
由 版 人	赵国勋
责任编辑	姜 云
开 本	889mm×1194mm 1/16
字 数	100千字
印 张	7
版 次	2013年9月第1版
印 次	2022年9月第3次印刷
出版发行	吉林美术出版社
地 址	长春市净月开发区福祉大路5788号
邮 编	130118
网 址	www.jlmspress.com
印 刷	北京一鑫印务有限责任公司

ISBN 978-7-5386-7901-4　　定价：38.00元

图书在版编目(CIP)数据

永不言败的勇士：坦克 / 谌幼重主编. -- 长春：吉林美术出版社，2013.9（2022.9重印）
（挑战极限大兵器）
ISBN 978-7-5386-7901-4

Ⅰ. ①永… Ⅱ. ①谌… Ⅲ. ①坦克-世界-儿童读物
Ⅳ. ①E923.1-49

中国版本图书馆CIP数据核字(2013)第225138号